AF233379

EXAMEN CHIMIQUE

D'UNE ÉCORCE DÉSIGNÉE SOUS LE NOM DE

QUINA BICOLORE,

Extrait d'un mémoire lu à la section de pharmacie, par MM. Pelletier et Pétroz, et de notes remises sur le même objet par M. Vauquelin.

OBSERVATIONS PRÉLIMINAIRES.

La rareté et le prix excessif des quinquina ont fait introduire dans le commerce des écorces qui, bien que sous leur nom, leur étaient totalement étrangères. Au nombre de ces prétendus quinquina il est une écorce reçue, dit-on, en grande quantité par une maison de Trévise, et répandue dans le nord de l'Italie sous le nom de Quina bicolore. Ses propriétés fébrifuges, constatées par le professeur Brera, semblaient devoir donner du poids à l'opinion des personnes qui la regardaient, avec M. Brera lui-même, comme une variété de quina, tandis que ses caractères extérieurs s'éloignaient de ces écorces et paraissaient devoir la rapprocher de l'angusture. La présence ou l'absence de la quinine et de la cinchonine devaient trancher la question. Il paraît qu'en Italie on ne fut pas d'accord sur ce point (1), car

____

(1) Voyez à la suite un extrait d'un mémoire de M. Ferrari.

M. Brera, pour éclairer la question, fit remettre à M. Vauquelin un échantillon de cette écorce, en le faisant prier par M. le docteur Giraud d'en faire l'analyse, tandis que le même M. Giraud nous en remettait aussi, en nous faisant la même demande, de telle sorte que le jour où nous portâmes notre analyse à l'Académie de médecine, nous apprîmes de M. Vauquelin qu'il venait de terminer un semblable travail. Il était alors de notre devoir de garder le silence, et ce ne fut que pour obéir à notre ancien maître que nous prîmes la parole. Depuis, M. Vauquelin, en exigeant la publication de notre analyse, poussa l'obligeance jusqu'à nous remettre ses notes, en nous autorisant à en enrichir notre mémoire ; mais comme il nous a paru difficile de fondre ensemble deux analyses qui, si les résultats sont les mêmes, diffèrent par les procédés employés, nous avons préféré donner d'abord un extrait de notre travail, puis présenter ensuite l'analyse de celui de M. Vauquelin. Nous ferons ensuite ressortir la concordance qui existe dans les résultats obtenus des deux côtés. ·······

Ire. PARTIE. — *Extrait du mémoire de MM.* PELLETIER et PÉTROZ.

Nos premiers essais ont été faits sur un échantillon pesant trois gros, que M. de Humboldt nous avait remis ; il le tenait directement de M. Brera, qui le lui avait envoyé pour le soumettre à son investigation. M. de Humboldt regardait cette écorce comme plus rapprochée par ses caractères extérieurs de l'angusture vraie que du quinquina. La quantité de *quina bicolore* qui était à notre disposition était trop faible pour qu'il nous fût possible de tenter dessus une analyse, nous nous contentâmes donc alors de quelques essais comparatifs entre cette écorce, le quina calissaya et l'écorce d'angusture vraie de laquelle elle semblait se rapprocher.

Une décoction de demi-gros d'écorce de *quina bicolore*,

opérée à l'aide d'une ébullition de quelques minutes, s'est troublée par refroidissement ; elle était beaucoup plus colorée qu'une décoction semblable de quinquina, plus même qu'une décoction d'angusture en même proportion , mais avec une différence moins sensible ; son odeur était particulière , moins fade que celle de l'angusture ; elle n'avait pas l'arome de la décoction de quinquina.

Les trois décoctions se sont comportées comme il suit avec les réactifs.

Émétique. Le quina bicolore blanchit la solution d'émétique, le précipité est léger et floconneux , l'angusture s'est comportée de même, le quina calissaya a donné un précipité beaucoup plus abondant et d'un blanc sale.

Sulfate de fer. Le quina bicolore et l'angusture donnent avec le sulfate de fer une couleur verte et un léger précipité. Le quina calissaya a donné une couleur bleuâtre.

Gélatine. Précipité léger et peu abondant avec le quina bicolore et l'angusture , beaucoup plus marqué avec le calissaya.

Infusion de noix de galle. L'infusion de noix de galle a formé dans les décoctions des trois écorces des précipités sensiblement aussi abondans et solubles dans l'alcohol , caractères que présentent tous les alcalis végétaux et quelques principes amers. Cette propriété n'est pas particulière à la quinine ni à la cinchonine.

Sous-carbonate d'ammoniaque. Le sous-carbonate d'ammoniaque a formé un précipité grisâtre dans la décoction de quina calissaya ; avec les décoctions de *quina bicolore* et d'angusture on n'a pas obtenu de précipité sensible.

Ces essais , très-imparfaits en eux-mêmes , prouvaient déjà que le *quina bicolore* s'éloignait beaucoup des vrais quinquina, et l'on aurait pu déjà assurer que cette écorce n'était pas fournie par un végétal du genre cinchona.

Notre but principal étant de constater si l'écorce dite *quina bicolore* contenait de la quinine ou de la cinchonine , nous avons consacré deux onces de cette écorce qui venaient de nous être remises par M. le docteur Giraud pour les traiter par la méthode qu'on suit ordinairement pour préparer le sulfate de quinine, avec cette différence seulement dans la manipulation, que le précipité par la chaux a été moins lavé que de coutume, et que les eaux de lavages ont été conservées. Le précipité calcaire a été desséché et traité par de l'alcohol ; les teintures alcoholiques ont donné par l'évaporation une matière extractiforme qui n'avait nullement l'apparence de la quinine brute.

Cette substance se dissolvait en grande partie dans l'eau en abandonnant une matière résineuse ; la matière soluble était à la vérité légèrement alcaline, mais incinérée elle fournissait de la potasse : du reste, traitée par l'acide sulfurique étendu d'eau et le charbon animal, elle n'a donné ni sulfate de quinine, ni rien d'analogue aux sels à base d'alcali organique.

Les eaux de lavage du précipité calcaire, évaporées et traitées par l'alcohol, ont donné une matière analogue à la précédente : on n'a pu y découvrir ni quinine, ni cinchonine.

Il suit donc encore de ces expériences que le quina bicolore ne contient ni quinine, ni cinchonine, et que probablement il n'est pas un quinquina.

Enfin M. Brera nous ayant depuis envoyé une nouvelle quantité d'écorce, nous avons tenté d'en faire une analyse plus régulière ; malgré l'imperfection de notre travail, nous allons indiquer au moins comme renseignemens les résultats que nous avons obtenus.

Par l'éther sulfurique nous avons obtenu une matière d'un jaune verdâtre, formée de matière grasse et d'un peu de chlorophylle. Cette matière grasse n'offrait rien de particulier, et nous n'insisterons pas sur son examen.

L'écorce de quina bicolore, épuisée par l'éther sulfurique, a été soumise à l'action plusieurs fois répétée de l'alcohol, et nous a d'abord fourni des teintures très-chargées, fort amères, et qui restaient sensiblement claires après le refroidissement; ces teintures évaporées ont donné un extrait fort amer, soluble en grande partie dans l'eau. Il abandonnait cependant encore, lorsqu'on le redissolvait dans l'eau, une matière *résineuse* qui, bien lavée, était peu amère, tandis que la solution aqueuse l'était beaucoup. Celle-ci était très-acide et précipitait par la noix de galle. De toutes les dissolutions métalliques, celles de plomb étaient les seules qui y fissent des précipités bien sensibles. Nous avons cherché à isoler l'acide qui s'y trouvait, à l'aide de l'acétate de plomb. Le précipité de plomb, lavé et décomposé par le gaz hydrogène sulfuré, nous a donné un acide coloré incristallisable que, d'après l'ensemble de ses propriétés, nous regardons comme de l'acide malique; mais il retient de la matière amère entraînée par de l'oxide de plomb : cette matière amère l'empêche de cristalliser.

La liqueur décantée de dessus le précipité de plomb a été dépouillée de l'excès d'acétate de plomb à l'aide de l'hydrogène sulfuré. Cette opération était faite dans le but d'obtenir la matière amère isolée; mais elle se trouvait mêlée de beaucoup d'acide acétique provenant de l'acétate de plomb. Dans la vue de séparer cet acide acétique, nous avons séparé celui-ci par un excès de baryte : le tout évaporé à siccité a été traité par l'alcohol absolu qui devait dissoudre la matière amère et laisser l'acétate de baryte et l'excès de cette base.

Toutefois la matière amère, sensiblement alcalescente, laissait par calcination des cendres contenant de la chaux et de la baryte.

Supposant dans l'écorce de quina bicolore un précipité alcalin plus soluble que ceux déjà reconnus dans les végétaux, nous y avons appliqué une méthode que nous employons depuis quelque temps pour isoler les alcalis un peu solubles, tels que la brucine. Nous avons donc pris la matière amère retirée par l'alcohol, nous l'avons acidulée par de l'acide phosphorique et traitée à plusieurs reprises par le charbon animal. Dans cette opération elle a beaucoup perdu de sa couleur, mais elle a conservé toute son amertume. Nous l'avons alors reprise par l'alcohol absolu, évaporée à siccité et reprise par l'eau pour la débarrasser de toute matière résineuse : dans cet état elle était alors sensiblement pure.

Avant de décrire les propriétés, nous ferons remarquer que s'il avait existé un alcali végétal semblable dans le *quina bicolore* nous aurions dû nécessairement l'obtenir par cette méthode que nous soumettons aux chimistes qui s'occupent d'analyses végétales.

Revenant à la matière amère que nous avons obtenue, en voici les principales propriétés. Elle est légèrement jaune (nous pensons que parfaitement pure elle doit être blanche, puisque chaque traitement par le charbon la rapproche de cet état), elle est extrêmement amère, elle se dissout dans l'alcohol et dans l'eau ; elle ne précipite que par le sous-acétate de plomb entre tous les sels métalliques usités en analyse végétale. Les alcalis n'y font pas de précipité sensible, les acides n'ont pas sur elle d'action caractéristique, l'acide nitrique concentré la détruit en donnant des traces d'acide oxalique, l'acide sulfurique concentré la charbonne.

Cette matière nous paraît donc être la colocynthine décrite par M. Vauquelin, ou du moins avoir beaucoup d'analogie avec elle.

L'écorce de quina bicolore, épuisée par l'alcohol, a été traitée par l'eau froide et a donné une matière brunâtre *gommeuse*, encore amère ; par l'eau bouillante, on a encore retiré une certaine quantité de matière gommeuse qui, calcinée, a fourni beaucoup de chaux qui probablement était unie à l'acide malique que nous avons déjà signalé dans cette écorce. La liqueur donnait aussi par l'iode des traces d'amidon.

La fibre ligneuse, ne fournissant plus rien à l'eau, a été incinérée ; ses cendres peu abondantes étaient formées de chaux, de silice et de potasse unies aux acides carbonique, sulfurique et hydrochlorique.

Il suit de cette analyse que le quina bicolore (qui ne paraît pas être un quinquina) contient, outre sa fibre ligneuse, une matière résineuse, une matière amère analogue à la colocynthine, et qui paraît être son principe actif, de la gomme, du malate de chaux, peu d'amidon et quelques sels de potasse.

Deuxième partie. — *Extrait d'un mémoire inédit de M.* Vauquelin, *sur l'analyse du* quina bicolore.

L'écorce envoyée par M. Brera, sous le nom de *Quina bicolore*, est en morceaux de huit à dix pouces de longueur. Roulée, son épaisseur varie depuis une demi-ligne jusqu'à trois quarts de ligne : elle est d'une couleur jaune légèrement verdâtre en dehors, d'un brun foncé en dedans, d'un jaune fauve dans sa cassure, etc.

Action de l'alcohol sur cette écorce.

Soixante-deux grammes de cette écorce, traités à plusieurs reprises par l'alcohol à 38°, ont donné dix grammes d'extrait qui avait une couleur jaune tirant sur le brun, beaucoup de liant, d'homogénéité, et une demi-transparence. Sa saveur était extrèmement amère, et avait une grande analogie avec celle de l'extrait alcoholique du solanum pseudo-kina ; il n'était ni acide, ni alcalin ; l'ammoniaque ne troublait pas la transparence de la solution aqueuse.

Deux grammes de cet extrait, délayés dans de l'eau, se sont dissous en laissant déposer une matière brune ochracée en flocons très-divisés. Cette substance en se desséchant a pris une teinte plus foncée ; elle était pulvérulente, mais se ramollissait par la chaleur. En brûlant elle répandait une fumée jaune, épaisse et dont l'odeur n'était pas désagréable. Elle était insoluble à froid, à chaud elle se fondait et surnageait l'eau sans s'y dissoudre. L'eau cependant se colorait légèrement et prenait une saveur sensiblement amère : la matière fondue s'attachait aux parois des vases. D'après ces caractères, on peut regarder cette matière comme une sorte de résine. La partie soluble de l'extrait séparé de la résine, soumise à l'action de quelques substances, a présenté les phénomènes suivans :

1°. Avec l'infusion de noix de galle, précipité floconneux, blanc-jaunâtre, peu abondant ;

2°. Avec l'acétate de plomb, un précipité jaune plus abondant ;

3°. Avec la dissolution d'or, précipité jaune très-abondant, se réduisant au bout de quelque temps en lame d'or métallique ;

4°. Avec le chlorure, précipité blanc floconneux ;

5°. Avec le sulfate de fer, précipité vert foncé ;

6°. Avec l'émétique, précipité jaune peu abondant ;

7°. Avec les alcalis et les acides, rien de sensible ; seulement quelques légers flocons blancs avec la baryte.

Un gramme de l'extrait alcoholique, traité dans un creuset de platine, a fourni un centigramme de résidu charbonneux et alcalin : la quantité d'alcali ne s'élevait pas à un demi-centigramme.

Action de l'eau bouillante sur l'écorce.

Après avoir épuisé l'écorce de ce qu'elle contenait de soluble dans l'alcohol, on l'a soumise à l'action de l'eau bouillante à deux reprises, en employant chaque fois un litre de liquide. Les décoctions évaporées ont donné deux gram. soixante cent. d'un extrait qui semblait noir quand il était en masse, mais qui, desséché et réduit en poudre, était d'un jaune brunâtre. Cet extrait étant encore amer, on le fit bouillir avec de l'alcohol qui dissolvit toute la matière amère en se colorant sensiblement. Un gramme de cet extrait, brûlé dans un creuset de platine, a donné douze centigr. de cendres blanches qui contenaient quatre centigrammes de sous-carbonate de potasse, mêlés d'un peu de sulfate et de muriate de la même base : la partie terreuse de cette cendre était composée de carbonate et d'un peu de phosphate de chaux.

Une petite quantité du même extrait, chauffée dans un tube de verre où l'on avait placé une bande de papier de tournesol rougi, a fourni une vapeur qui, dès le premier instant, a ramené la couleur du tournesol au bleu, effet qui annonce la présence d'une matière azotée qui, par l'action du calorique, fournit de l'ammoniaque.

Un autre gramme de cet extrait, traité par l'acide nitrique, a présenté également des phénomènes indiquant la présence d'une matière animalisée, et particulièrement de la matière amère de Welther. Il s'est formé ou séparé une petite quantité de matière grasse, mais l'un des produits les plus remarquables était l'acide oxalique qu'on a obtenu en cristaux : en saturant les eaux mères par du carbonate de potasse il s'est précipité neuf centig. d'oxalate de chaux.

Comme on n'a point obtenu d'acide mucique de l'extrait aqueux traité par l'acide nitrique, on ne peut assurer qu'il contienne de la gomme, on ne peut non plus supposer que cet acide se soit précipité avec la chaux au moment de la saturation de la liqueur par le carbonate de potasse, puisque le liquide contenait de l'oxalate de potasse qui aurait empêché le muriate de chaux de se former. Cet extrait contient donc une matière animalisée, puisqu'il fournit de l'ammoniaque à la distillation et une matière jaune amère par l'action de l'acide nitrique ; il renferme aussi un sel calcaire, probablement malate de chaux, et une matière végétale dont la nature est peu déterminée.

Traitement par l'acide muriatique.

Nous allons maintenant rapporter textuellement la fin du travail de M. Vauquelin, parce qu'il présente pour la seconde fois l'exemple du carbonate de chaux trouvé dans les végétaux. (M. Vauquelin, il y a quelques mois, avait déjà découvert ce sel dans l'écorce du solanum pseudo-quina.)

« L'écorce, épuisée par l'alcohol et l'eau, a été ensuite
» mise en macération dans de l'acide muriatique étendu
» de 50 parties d'eau ; au bout de quelques jours on a
» filtré le liquide et lavé le marc avec de l'eau pour enlever
» l'acide. Dans les liqueurs réunies on a mis de l'ammo-
» niaque, de manière cependant à ne pas entièrement sa-
» turer l'acide ; il s'est formé un précipité blanc-grisâtre,
» grenu, pesant 65 centigrammes. Ce précipité était formé
» d'oxalate de chaux et d'une petite quantité de matière
» animale ; on a ensuite ajouté à la liqueur dont le préci-
» pité ci-dessus avait été séparé, de l'ammoniaque en ex-
» cès, il s'est formé un précipité brun, très-volumineux,
» élastique avant d'être entièrement desséché : sec, il était
» gris et très-dur. Ce précipité donne un produit ammo-
» niacal par la décomposition à l'aide du calorique, et laisse
» un résidu charbonneux peu foncé en couleur et presque
» entièrement soluble avec effervescence dans l'acide ni-
» trique. Ce résidu, calciné dans un creuset pour détruire
» toutes les parties charbonneuses, a donné 45 centièmes
» de son poids de carbonate de chaux, représentant 62 cent.
» d'oxalate de chaux. Le précipité était donc formé de 62
» d'oxalate de chaux et 38 de matière animale ; mais comme
» il contenait un peu d'eau, on peut donc porter à un tiers
» la proportion de matière animale.

» La liqueur dont on avait obtenu les deux précipités
» ci-dessus indiqués, au moyen de l'ammoniaque, conte-
» nait encore de la chaux, car l'oxalate d'ammoniaque y

» a fait un précipité pesant 1 gr. 60 centigr. A quel acide
» peut-on présumer que cette chaux est unie dans l'écorce?
» S'il n'est pas volatil, cet acide doit se trouver dans la
» liqueur d'où la chaux a été précipitée, mais l'en séparer
» est une chose fort difficile, parce que cette liqueur con-
» tient du muriate et de l'oxalate d'ammoniaque, et encore
» beaucoup de matière animale.

 » L'on peut se demander aussi à quel acide la potasse
» est combinée dans l'extrait aqueux : il nous paraît que
» ce ne peut être qu'aux acides oxalique et malique, car
» unie à tout autre elle aurait été dissoute par l'alcohol ;
» mais s'il y avait de l'oxalate de potasse dans l'écorce de
» quina bicolore il n'y pourrait exister en même temps un
» sel calcaire soluble, pas même le tartrate de chaux qui
» est, comme on sait, un peu soluble dans l'eau et décom-
» posable par l'oxalate de potasse.

 » Il est donc probable que la chaux et la potasse que l'on
» trouve dans l'extrait aqueux sont unies à l'acide malique,
» et que la chaux qui se rencontre dans la macération acide
» de l'écorce, après la séparation de l'oxalate de chaux par
» l'ammoniaque, est dans le végétal à l'état de carbonate de
» chaux, ainsi que cela existe dans le solanum pseudo-
» quina dont nous avons parlé ailleurs.

 » Si cette portion de chaux est, en effet, unie à de l'acide
» carbonique, comme tout l'annonce, la quantité d'oxa-
» late qu'elle a fournie représenterait 1 gr. 16 de carbo-
» nate de chaux pour 62 gram. d'écorce ; mais il faut un peu
» diminuer cette quantité à cause de la matière animale à
» laquelle l'oxalate de chaux était combiné.

 » En résumé, 100 gram. de quina bicolore contiennent :
» 1°. 16 gram. de matière soluble dans l'alcohol, laquelle
» est composée de 14 gram. 65 cent. d'extrait amer, et de
» 35 gram. de résine ;

 » 2°. Quatre grammes d'extrait muqueux animal insolu-
» ble dans l'alcohol ;

» 3°. De l'oxalate de chaux qui se présente toujours com-
» biné à une matière animale insoluble dans l'eau ;

» 4°. Du malate de chaux et de potasse ;

» 5°. Enfin du carbonate de chaux dans la proportion
de 1,87 sur 100 parties d'écorce.

» Pour peu qu'on ait conservé quelque souvenir de mon
» analyse du solanum pseudo-quina, on remarquera sans
» doute une grande analogie entre les résultats de l'analyse
» de cette écorce et ceux que je présente aujourd'hui. En
» effet, l'extrait alcoholique composé d'une résine et d'un
» principe amer a la même couleur et la même saveur que
» celui du solanum pseudo-quina : l'extrait aqueux formé
» d'une substance animale, d'un sel calcaire, a aussi la
» même saveur, la même couleur et toutes les autres pro-
» priétés de celui du solanum pseudo-quina. L'écorce épui-
» sée par l'alcohol et par l'eau conserve encore beaucoup
» de matière animale soluble dans les acides d'oxalate et de
» carbonate de chaux, comme celle du solanum. Je ne veux
» pas conclure de là que l'écorce de quina bicolore et celle
» de pseudo-quina appartiennent à la même plante, car il
» existe entre elles des différences physiques, mais je ne
» serais pas étonné qu'elles fussent des espèces voisines.
» Ce que je crois pouvoir conclure de certain, c'est que si
» le solanum pseudo-quina jouit de propriétés fébrifuges,
» comme l'assurent les voyageurs, le quina bicolore doit
» en jouir au même degré. »

Note sur la concordance de ces deux analyses, par
M. Pelletier.

Pour peu que l'on compare les deux analyses du quina
bicolore, on y trouvera une grande concordance dans les
faits principaux.

D'abord l'absence de la quinine et de la cinchonine est
un fait qui en résulte. Le principe amer et présumé actif
a été obtenu et a présenté les mêmes caractères à M. Vau-

quelin et à MM. Pelletier et Pétroz. M. Vauquelin le compare à celui du pseudo-quina , et MM. Pelletier et Pétroz
à la colocynthine ; mais dans son mémoire sur le pseudoquina M. Vauquelin compare le principe amer du pseudoquina à celui de la coloquinthe , et trouve entre eux beaucoup de rapport.

Le principe amer du quinquina bicolore est accompagné
d'une matière résineuse dont il est difficile de le séparer.
Cette matière résineuse est décrite dans les deux analyses.

La présence de l'acide malique , en partie libre et en
partie saturé par la chaux , est constatée par les deux
analyses.

Le quina bicolore , épuisé par l'action de l'éther et de
l'alcohol , donne à l'eau une matière muqueuse dont les
caractères sont peu saillans, c'est celle que MM. Pelletier
et Pétroz ont nommé matière gommeuse : M. Vauquelin,
restreignant le nom de matière gommeuse à la substance
végétale qui donne de l'acide mucique par l'acide nitrique,
désigne cette matière sous le nom de matière animale en
raison de l'azote qu'elle contient ; du reste , il est évident
que c'est la même matière dans les deux analyses.

M. Vauquelin a retrouvé dans cette écorce la présence
de la chaux à l'état de carbonate ; c'est le second exemple
du carbonate de chaux bien formé dans les végétaux. Ce
fait très-intéressant a échappé à MM. Pelletier et Pétroz,
mais n'altère en rien l'identité des résultats des deux analyses par rapport à la nature des substances végétales qui
y sont signalées.

Post-scriptum.

Après la lecture de notre mémoire et la remise de celui
de M. Vauquelin , M. Planche nous a remis la traduction
d'une analyse faite antérieurement par M. Ferrari. Nous
n'en donnerons pas ici l'extrait, on pourra consulter le mémoire original ; mais nous croyons, dans un esprit de jus-

tice, devoir au moins rapporter le tableau des résultats de son analyse ; on verra qu'elle a quelque rapport avec les nôtres. La nature du quina bicolore est donc maintenant aussi connue qu'elle peut l'être dans l'état de nos connaissances, et l'on peut assurer que cette écorce n'est pas un véritable quinquina.

Tableau des résultats de l'analyse du Quina bicolore,
par M. Ferrari.

Les substances solubles contenues dans l'écorce dite *quinquina bicolore* sont :

1°. De la chlorophylle ou matière colorante des feuilles ;
2°. De la cire ;
3°. Une matière grasse ;
4°. Un acide végétal non déterminé vu sa petite quantité ;
5°. Une matière résineuse insoluble dans l'eau ;
6°. Une petite quantité d'un principe amer commun à l'écorce d'angusture vert de cimarouba et à la racine de colombo ;
7°. Une matière gommeuse semblable à celle contenue dans la racine de gentiane.

PARIS. — IMPRIMERIE DE FAIN, RUE RACINE, N°. 4,
PLACE DE L'ODÉON.